মহাকাশ থেকে এসেছিল
It Came From Outer Space

Written by TONY BRADMAN Illustrated by CAROL WRIGHT

Bengali Translation by Sujata Bannerji

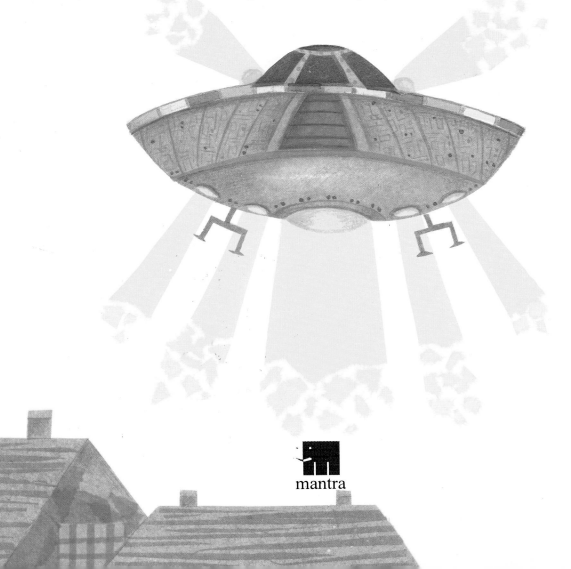

mantra

আমরা সকলে ইস্কুলে মনদিয়ে কাজ করছি এমন সময় ...

We were all in school, working hard, when...

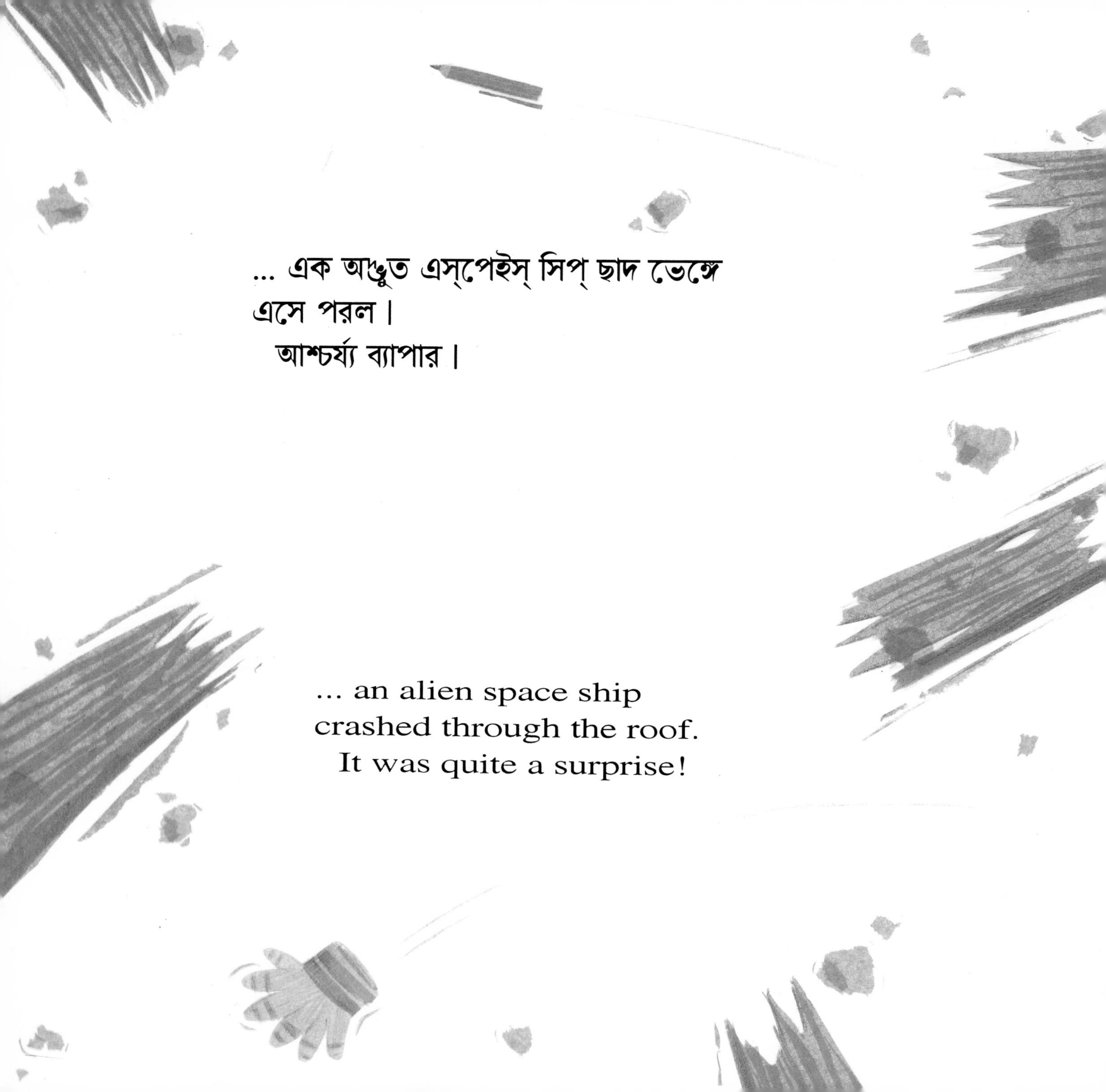

... এক অদ্ভুত এস্‌পেইস্‌ সিপ্‌ ছাদ ভেঙ্গে
এসে পরল।
আশ্চর্য্য ব্যাপার।

... an alien space ship
crashed through the roof.
It was quite a surprise!

আমরা ভয় পেয়ে তাকিয়ে দেখি এস্পেইস্
সিপের দরজাটা খুলে গেল আর একটা দৈত্য
বেড়িয়ে আসতেই আমরা সকলে চিৎকার করে উঠলাম।
সাংঘাতিক ব্যাপার।

We were frightened when the space
ship's door started to open, and we all
screamed when The Monster climbed out.
It was terrifying.

দৈত্যটা কথা বলতে শুরু করল কিন্তু
কেউই ওর কথা বুঝতে পারছিলনা।
সে চারদিকে হাত নাড়তে নাড়তে
আমাদের দিকে এগিয়ে এলো।
সকলে আবার চিৎকার করে পালিয়ে
গেল।

It started to talk, but no
one could understand it.
  It waved its arms around,
and came towards us.
  Everyone screamed again,
and ran away.

সে এলোমেলো ভাবে আমাদের পিছন পিছন
খেলার মাঠে এলো।
আমরা এক কোনায় সিঁটিয়ে গেলাম।

It lumbered after us into the playground.
We were trapped in a corner.

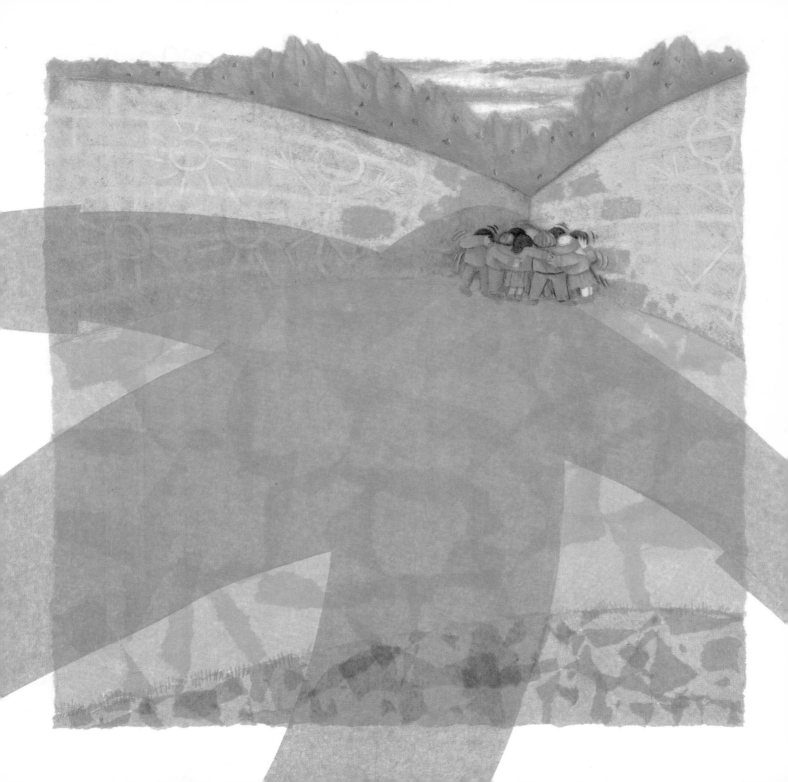

দৈত্যটা হাত নেড়ে কথা বলতে থাকল।

তারপর সে তার লোহার টুপিটা খুলল।

The Monster kept talking and waving its arms around.

And then it took its helmet off.

কি বিভৎস দৃশ্য !
দৈত্যর মুখটা এত কুৎসিত যে আমরা
মুখ ফিড়িয়ে নিলাম ।
আমাদের টিচার অজ্ঞান হয়ে পরলেন ।

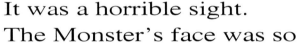

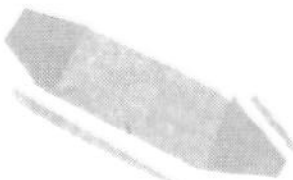

It was a horrible sight.
The Monster's face was so
disgusting we had to look the
other way.
Our teacher fainted.

দৈত্যটা কিন্তু বেশ ভালমানুষ।
সে আমাদের উপহার দিল। আমাদের এস্পেইস্ সিপের
মধ্যে নিয়ে গিয়ে দেখালো। সে আমাদের তার বাড়ীর ছবিত্ত
দেখাল।

The Monster turned out to be quite nice
though.
It gave us a present. It showed us inside its
space ship. It even showed us some pictures
of its home.

আমাদের টিচার একটু সুস্থ বোধ করতেই উঠে ক্যামেরায় দৈত্যর ছবি তুললেন।

এবার তার যাওয়ার সময়।

Our teacher who was feeling better now, took a picture of The Monster with her camera.

Then it had to go.

দৈত্যটাকে উড়ে যেতে দেখে আমাদের মন খারাপ হয়ে গেল। সকলে হাত নাড়লাম।
দৈত্যকে দেখতে কুৎসিত হলেও তার স্বভাবটা বন্ধুর মতই সুন্দর ছিল।
আশাকরি সে খুব শিগগিরি আবার ফিড়ে আসবে।

We were sad to see The Monster fly away. We all waved.
It was a very friendly monster, even though it was so ugly. We hope it comes back soon.

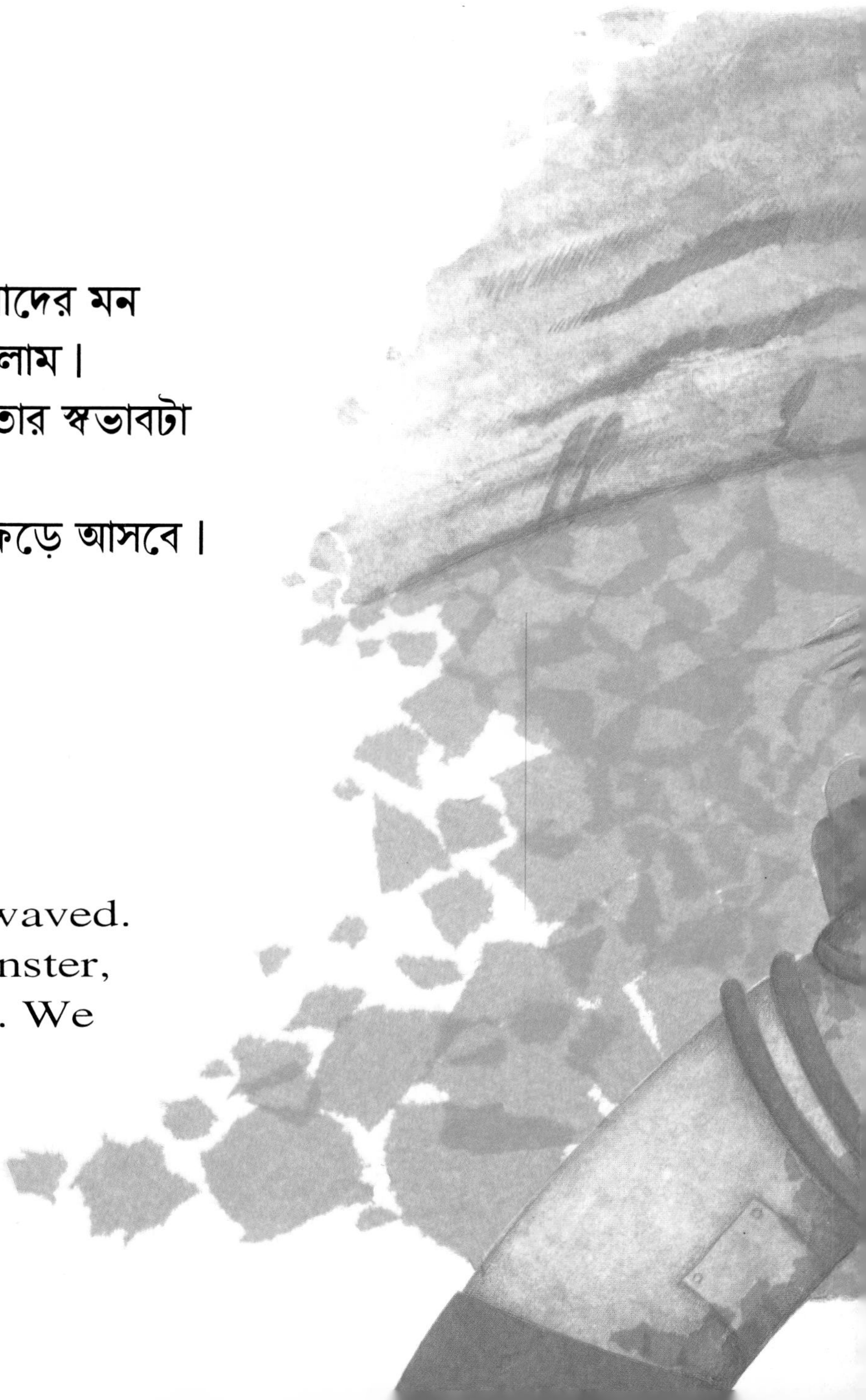

অন্তত ওর ছবি দেখে আমরা ওকে মনে করব।

At least we've got a picture of
The Monster to remember it by…

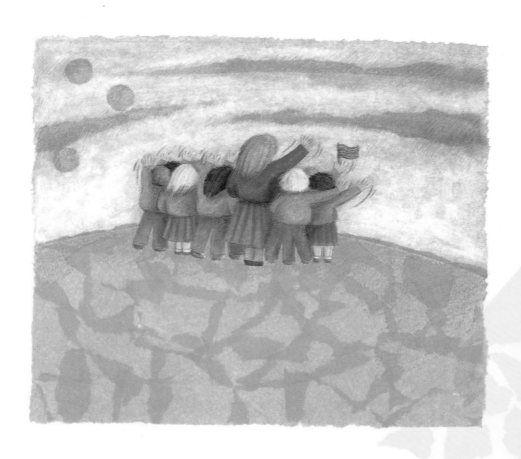